AF358102

SOCIÉTÉ D'AGRICULTURE
DE LA ROCHELLE.

COMPTE RENDU

DES TRAVAUX DE LA SOCIÉTÉ

PENDANT LES ANNÉES 1838 ET 1839.

LU A LA SÉANCE DU 16 NOVEMBRE 1839.

MESSIEURS,

LE Compte rendu de vos travaux de la dernière année a déjà mis sous vos yeux l'heureuse influence qu'ils ont exercée sur l'amélioration de l'agriculture dans notre arrondissement.

En vous faisant rendre compte des résultats obtenus cette année par la suite que vous avez donnée à ces travaux et par ceux que vous avez nouvellement entrepris, vous pourrez suivre les progrès qui en sont la conséquence et trouver un nouvel encouragement pour chercher avec le même zèle à atteindre le but de votre institution.

J'arriverai à l'accomplissement de la tâche que vous m'avez tracée, en vous exposant, successivement, la suite des travaux qui se rattachent à chacune des branches de l'industrie agricole qui a fait l'objet de vos études.

VIGNES.

La culture de la vigne a toujours fait la principale richesse du territoire de notre arrondissement; mais la concurrence des immenses plantations du Languedoc diminue chaque année ses revenus; aussi la quantité de terrains plantés en vigne décroît tous les ans; la population considérable à laquelle cette culture procure du travail est en souffrance.

Vous vous êtes occupés activement de remédier au fâcheux état de choses dont vous redoutiez les progrès

C'est dans ce but que vous avez entrepris les travaux suivans :

1° Déterminer les cépages qui peuvent procurer la plus grande quantité de spiritueux.

Les relevés exacts faits pendant longues années par M. de Verdon sur les produits comparatifs des diverses natures de vigne, en ayant égard au cépage, au mode de plantation, à la conduite de la taille, à la durée qu'on doit lui donner ont déjà jeté une vive lumière sur cette question.

2° Les moyens d'encourager le renouvellement des vieilles vignes.

Vous avez reconnu que la vigne que l'on a l'habitude de conserver trop long-temps cesse de payer le soins qu'on lui donne ; des relevés comparatifs des produits des vignes pendant longues années, ont démontré les avantages que l'on trouve à activer la végétation soit par la culture, soit par une taille bien entendue, ans ménager autant sa durée.

3° La recherche des meilleurs procédés de culture, et les moins coûteux.

Vous avez pu vous convaincre que l'emploi de la charrue pour la culture de la vigne, ne peut procurer d'avantages qu'aux cultivateurs dont les cultures sont variées de manière à procurer de l'emploi aux atte_ lages hors des époques où ils seraient nécessaires à la vigne. D'ailleurs un mode de culture, qui tendrait à priver tout d'un coup de travail un grand nombre de laboureurs, ne devait, dans notre localité, être en- couragé qu'à mesure que les efforts que vous faites pour introduire les nouvelles cultures si profitables ne devront plus laisser de bras oisifs.

Pendant les premières années seulement des jeunes plantations, et dans le but de diminuer pour les plan- teurs les frais d'une culture sans rapport, vous avez dù encourager l'emploi des instrumens, principalement de la houe à cheval que **M.** Bouscasse a appropriée à plusieurs genres de culture.

4° Faire des recherches pour tirer parti des pro- duits secondaires de la fabrication ; comme distiller es marcs de raisin, ainsi qu'on le pratique en Lan- guedoc ; extraire l'huile des pépins, comme le font les habitans de la Lombardie ; l'échantillon d'huile de pé- pins qui vous a été présenté par **M.** Edmond de Saint-

Marsault vous a fourni la preuve que l'on peut utiliser cette industrie; l'épuration du tartre a été essayée sur une assez grande échelle par M. Brossard, et vous avez pu juger que cette industrie méritait un encouragement pour les avantages et la facilité qu'elle offre au commerce de ce produit.

M. de Pelet, préfet du département, en faisant don à la Société d'un appareil employé dans le Midi, propre à reconnaître les quantités d'alcool contenues dans les vins, vous a fourni les moyens de rendre plus faciles et plus sûres les transactions entre les propriétaires et les fabricans d'eau-de-vie, en mettant à leur disposition, l'instrument qui accuse, au moyen d'un petit échantillon de vin, la quantité d'eau-de-vie à 22 d. que contient le vin soumis à l'expérience; leur donnant en même temps la facilité de faire faire cette expérience par une personne habile que vous avez chargée de ce soin.

Vos efforts pour arriver à un mode d'une facile application qui puisse préserver les vignes des Pyrales ne se sont pas ralentis; les secours placés à la disposition de la commission chargée d'organiser les expériences ont été utilisés.

Vous avez mis à profit les savantes recherches de M. Audouin, qui l'ont conduit à un moyen infaillible de destruction des Pyrales, d'une exécution facile pour tous ceux qui ont été mis à même de le comprendre ; de sorte que l'on peut dire que le ravage de ces insectes n'est plus à redouter des propriétaires qui sauront prendre les précautions utiles pour s'en préserver.

Le zèle actif de M. Bouscasse pour répandre dans les campagnes, où ces insectes exercent leurs ravages, les moyens rationnels de destruction, ont fixé l'attention de la Société royale et centrale d'Agriculture de Paris, qui a décerné une métaille d'argent à ce membre de la Société.

La température a, cette année, peu favorisé le développement de cet insecte, qui s'est montré en petite quantité dans les lieux même où ils étaient les plus nombreux ; cette heureuse circonstance est venue mettre des entraves aux expériences tentées pour mettre un moyen de destruction à portée de tous les cultivateurs ; et cependant il est à craindre que le fléau ne reparaisse avec autant d'intensité, mais on rencontre encore chez les habitans de la campagne peu de dispositions à faire des efforts pour se garantir d'un mal qui leur fait trève; il est à craindre que votre commission ne soit bientôt dans le cas de pouvoir continuer ses efforts.

CULTURE DES TERRES.

Procurer successivement du travail aux bras que la diminution des vignes laisse sans emploi, répartir sur toute la durée de l'année les travaux accumulés sur quelques saisons, tel a été le but qui a principalement fixé votre attention.

L'extension des cultures sarclées doit amener ce résultat en améliorant tout à la fois les produits et le sol.

De longs et utiles travaux ont été faits pour déterminer les plantes qui réussissent le mieux dans les terres de l'arrondissement sous l'influence de notre climat.

De fréquentes publications en ont répandu les résultats; plusieurs membres de la Société en ont fait d'heureuses applications qui ont trouvé des imitateurs.

C'est principalement de l'emploi de la houe à cheval que l'on doit attendre leur succès dans la grande culture. Cet instrument, étudié dans ses effets avec le plus grand soin par **M.** Bouscasse, a reçu plusieurs modifications qui le rendent propre en tout temps à la culture des plantes racines, fourragères et industrielles. La notice rédigée par **M.** Bouscasse et que vous avez fait imprimer doit concourir à propager plus rapidement cet instrument.

C'est surtout au milieu de vos efforts pour populariser des améliorations si importantes que vous avez dû ressentir l'insuffisance des ressources premières qui sont à votre disposition. Aussi n'avez-vous pas hésité à faire un appel au Conseil général pour concourir à une œuvre qui doit amener l'augmentation des revenus du sol, et répandre l'aisance dans les campagnes ; et l'expression d'un vœu qui tend à un but si utile ne peut rester sans effets.

Les perfectionnemens à apporter aux desséchemens de nos marais ont occupé utilement plusieurs de vos séances. Le zèle éclairé de **M.** Fleuriau de Bellevue, votre président, a porté de grandes améliorations dans cette partie du sol de l'arrondissement.

C'est à vos efforts persévérans que l'on est redevable de l'introduction des nouveaux instrumens d'agriculture, et, ce qui est d'une aussi grande importance, des perfectionnemens à ceux qui sont habituellement employés.

Les ateliers de M. André Jean continuent à produire d'excellens instrumens. La charrue à semoir, et celle à deux socs et à double semoir ont reçu de nouveaux perfectionnemens qui ont valu à leur auteur une médaille décernée par le Jury d'exposition de l'indusdrie de 1839.

Déjà, avant que M. André Jean reçût cette distinction, la Société avait payé son tribut de reconnaissance pour tous les soins que ce membre de la Société prend pour la réussite de toutes les améliorations agricoles; à la suite d'un rapport d'une commission nommée par la Société, elle avait décidé que M. André Jean avait mérité une médaille d'or, qu'elle lui aurait décernée si elle avait l'usage d'en accorder à un membre même de la Société, le secrétaire fut chargé d'adresser à M. André Jean un extrait de cette délibération.

L'imperfection des aires à battre le grain, leur nettoyage plus parfait ont éveillé votre attention; plusieurs essais ont déjà été tentés; le zèle éclairé des membres que vous avez chargés du soin de réaliser cette amélioration, doit vous en garantir le succès.

Par vos soins l'usage du rouleau à battre le grain , gé-
néralement en usage dans le midi de la France a été
encouragé. L'emploi de cet instrument vous a paru utile
à propager ; déjà , au moyen de primes accordées,
plusieurs sont en activité ; l'addition nouvelle d'un per-
fectionnement garantit le succès de ces épreuves, qui
ne peuvent réussir sans un appui persévérant, tant on
rencontre dans les campagnes , de répugnances à voir
changer des pratiques protégées par la routine.

C'est ainsi que vous avez dû accorder , comme prime,
la remise de la moitié du coût du ferrage des bœufs,
pour utiliser le travail à ferrer que vous avez fait établir.

C'est du sein de votre Société que sont sortis les
premiers efforts qui ont doté l'arrondissement d'une
industrie nouvelle, celle de la soie ; les plantations de
mûriers , quoique peu nombreuses encore , ont eu le
succès qui doit faire espérer leur extension.

Plusieurs notices et rapports propres à diriger les
propriétaires qui voudraient adopter l'exploitation de
cette industrie, rédigées par **M.** Edmond de Saint-
Marsault , rapporteur d'une commission que vous avez
instituée pour suivre les éducations doubles de **M.** André

Jean, avec la coconière inventée par M. Bronski, ont été imprimées et répandues par vos soins.

C'est aussi dans le même but que M. André Jean a fait graver des planches qui représentent tous les détails et l'ensemble de sa magnanerie, où se trouvent réunis tous les perfectionnemens connus, et ceux dus à M. le major Bronski. M. Edmond de Saint-Marsault a rédigé une notice sur cette magnanerie, que vous avez faite imprimer.

L'industrie saccharine, dont votre Société a doté l'arrondissement, vient d'être arrêtée dans son essor, par la répugnance que les propriétaires fabricans ont éprouvée à se soumettre aux dispositions de la nouvelle loi qui régit cette matière. Espérons que bientôt, ces causes disparaissant, nous verrons renaître et prospérer cette précieuse industrie, qui doit être un si puissant auxiliaire pour populariser les récoltes sarclées, source de la richesse agricole de l'arrondissement.

C'est dans cet espoir que vous avez persévéré à étudier ce qui se rattache à cette question. M. Brossard vous a présenté une courte notice sur le procédé à suivre pour fabriquer le sucre de betterave, en petite quantité, sans le secours d'aucun appareil.

M. Dorbigny vous a soumis un grand travail sur les plantes qui forment les prairies de l'arrondissement. Un tableau présente leur nom français, latin et commun, leurs qualités bonnes ou mauvaises, si elles sont communes ou non ; un premier herbier doit contenir toutes ces plantes et un second toutes les plantes vénéneuses.

Toutes les cultures nouvelles qui présentaient chance de succès ont été expérimentées ; c'est ainsi que plusieurs essais heureux sur la culture du *Polygonum tinctorium* et sur l'extraction de ses feuilles de la matière colorante, vous ont permis d'agrandir le champ des épreuves, et donnent l'espoir d'avoir acquis une plante précieuse pour notre sol.

M. Brossard vous a présenté plusieurs échantillons teints avec la matière colorante qu'il a extraite des feuilles du *Polygonum* qu'il a cultivé au Jardin des plantes. Déjà l'on peut espérer que l'indigotine contenue dans cette plante pourra remplacer, avec avantage, l'indigotine des Colonies ; et si, jusqu'à présent, aucun procédé d'extraction en grand n'a pu amener l'indigo extrait du *Polygonum* à soutenir la concurrence avec les indigos exotiques, il n'est pas douteux, s'il reste démontré que la culture de la plante peut prendre beaucoup d'extension, que l'industrie ne trouve alors facilement les moyens de l'utiliser. Les essais de culture que vous vous proposez de faire sur une plus grande échelle seront donc utiles pour l'agriculture en général et pour notre arrondissement en particulier, où vos essais auront démontré que cette culture peut réussir.

Ainsi l'essor du travail agricole augmente les rapports avec le travail industriel, et fait sentir plus vivement combien est utile et nécessaire pour l'agriculture le concours des hommes éclairés, qui s'occupent des sciences appelées à lui prêter journellement leur appui.

Les essais dont vous avez chargé M. Boutard sur la culture de l'hypommée batate (la pomme de terre douce d'Amérique) ont eu un plein succès et ont enrichi nos jardins potagers d'une plante d'un goût agréable ; les suites que vous comptez donner à ces expériences détermineront jusqu'à quel point elles peuvent entrer dans la production.

Le Jardin des plantes vous doit des améliorations importantes que réalise le zèle actif de son directeur, M. Brossard.

La notice sur la culture du département que votre président, M. Fleuriau de Bellevue, a rédigée et qui est insérée dans la Statistique, vous offre un fidèle tableau des ressources restreintes que l'on y tire du sol, et vous servira de guide pour les améliorations successives auxquelles tend le but de votre institution.

Une lettre de M. le Préfet du département prévient la Société que M. le Ministre de l'agriculture désirait connaître quelles étaient les branches de l'économie rurale qui méritaient le mieux d'être encouragées, et quelle serait la subvention nécessaire pour y parvenir. Cette lettre a fourni l'occasion de faire connaître à l'Administration, quels étaient les besoins les plus urgens de notre arrondissement.

Vos relations avec diverses sociétés d'agriculture se sont augmentées : en vous tenant au courant de leurs travaux, elles ont facilité les vôtres.

Le Comice agricole central de l'arrondissement, qui sa reçu de vous sa première impulsion, continue à mettre au grand jour toutes les améliorations qui ont reçu la sanction de l'expérienc.

Enfin la rédaction de vos annales, dont vous avez chargé une commission, servira à étendre l'influence que doivent exercer sur l'agriculture de l'arrondissement, les travaux utiles qui vous occupent.

Le Secrétaire de la Société d'Agriculture,

E. EMMERY.

16 Novembre 1839.

www.ingramcontent.com/pod-product-compliance
Lightning Source LLC
LaVergne TN
LVHW010908180726
843502LV00010B/4032